BEI GRIN MACHT SICH IHR WISSEN BEZAHLT

Dirk Schäfer

Statistik 1. Eine Zusammenfassung inkl. Formelsammlung

GRIN Verlag

Bibliografische Information der Deutschen Nationalbibliothek:

Die Deutsche Bibliothek verzeichnet diese Publikation in der Deutschen National-
bibliografie; detaillierte bibliografische Daten sind im Internet über http://dnb.d-
nb.de/ abrufbar.

Impressum:

Copyright © 1999 GRIN Verlag GmbH
Druck und Bindung: Books on Demand GmbH, Norderstedt Germany
ISBN: 978-3-656-62326-7

Dieses Buch bei GRIN:

http://www.grin.com/de/e-book/2672/statistik-1-eine-zusammenfassung-inkl-for-
melsammlung

GRIN - Your knowledge has value

Der GRIN Verlag publiziert seit 1998 wissenschaftliche Arbeiten von Studenten, Hochschullehrern und anderen Akademikern als eBook und gedrucktes Buch. Die Verlagswebsite www.grin.com ist die ideale Plattform zur Veröffentlichung von Hausarbeiten, Abschlussarbeiten, wissenschaftlichen Aufsätzen, Dissertationen und Fachbüchern.

Besuchen Sie uns im Internet:

http://www.grin.com/

http://www.facebook.com/grincom

http://www.twitter.com/grin_com

Statistik

Unterscheidung in:

- deskriptive Statistik (Zusammenfassung von vorliegenden Daten)
- induktive (schließende) Statistik (Schließung von einer Stichprobe auf die Grundgesamtheit)

Grundbegriffe der Statistik

Statistische Einheiten sind Personen, Objekte, Unternehmen, deren Eigenschaften (Merkmale man untersuchen und komprimiert darstellen will (-> Merkmalsträger).

Merkmalsausprägungen sind die möglichen Erscheinungsformen eines Merkmals.

Statistische Masse (Grundgesamtheit) ist die Menge aller für die Fragestellung relevanten statistischen Einheiten.

Klassifizierung von Merkmalen: Wir unterscheiden stetige und diskrete Merkmale:

Ein stetiges Merkmal kann theoretisch jeden Wert aus einem Intervall annehmen (Beispiel: Merkmal X: Körpergröße [1,10-2,40]).

Ein nicht stetiges Merkmal ist diskret.

Ein zweites Kriterium gewinnt man aus dem Meßniveau. Hier unterscheidet man zwischen nominalen, kardinalen und metrischen Merkmalen:

Nominal skalierte Merkmale:	Keine natürliche Rangfolge; stehen gleichberechtigt nebeneinander (Aufzählung von Kategorien) Beispiel: Augenfarbe, Geschlecht
Kardinal skalierte Merkmale:	Besitzen eine natürliche Rangfolge, die Differenz zwischen zwei Merkmalsausprägungen ist nicht vergleichbar. Beispiel: Temperatur (kalt, lau, warm, heiß)
Metrisch skalierte Merkmale:	Lassen sich als Vielfache einer vorgegebenen Einheit messen. Differenzen zwischen 2 Ausprägungen sind exakt definiert. Beispiel: Temperatur in Grad Celsius

Eindimensionale (univariate) Häufigkeitsverteilung

Es werden **n** statistische Einheiten bezüglich des Merkmals **X** untersucht. X hat die Ausprägungen $x_1, x_2, ..., x_k$.
Eine Urliste erhält man durch ungeordnete Aneinanderreihungen der n beobachteten Merkmalsausprägungen.

Die <u>Absolute Häufigkeit</u> [h_i bzw. $h(x_i)$, wobei i=1, ...,k] gibt die Anzahl der statistischen Einheiten an, die die Merkmalsausprägung X_i besitzen.

Die <u>Relative Häufigkeit</u> ($f_i = \dfrac{hi}{n}$) ist der Anteil der statistischen Einheiten mit der Ausprägung X_i an der statistischen Masse.

<u>Absolute Summenhäufigkeit</u>: H_i bzw. $H(X_i)$:

$$H_i = h_1 + h_2 + ... + h_i \qquad \text{bzw.} \qquad \sum_{j=1}^{i} h_j$$

Beispiel: $\displaystyle\sum_{j=1}^{5} j^2 = 1^2 + 2^2 + 3^2 + 4^2 + 5^2 = 55$

<u>Relative Summenhäufigkeit</u>:

$$F_i = \frac{H_i}{n} \qquad \text{bzw.} \qquad \sum_{j=1}^{i} f_j$$

Beispiel: Urliste des Merkmals X: Anzahl der Jahre mit Englisch als Unterrichtsfach bis zum Abitur:

0, 7, 11, 8, 8, 11, 7, 7, 5, 8, 4, 7, 7, 0, 1, 1, 11, 1, 4, 4

Ausprägung	h_i	H_i	f_i	F_i
0	2	2	0,1	0,1
1	3	5	0,15	0,25
4	3	8	0,15	0,4
5	2	10	0,1	0,5
7	5	15	0,25	0,75
8	2	17	0,1	0,85
11	3	20	0,15	1

<u>Übung:</u>

Stetiges Merkmal, d. h. jeder Punkt im Intervall kann getroffen werden.

i	X_i	h_i	f_i	H_i	F_i
1	2	10	0,2	10	0,2
2	3	10	0,2	20	0,4
3	4	20	0,4	40	0,8
4	6	10	0,2	50	1

$$F_i = \frac{H_i}{n} \qquad \rightarrow \qquad H_i = F_i * n$$

$$F_i - F_{i-1} = f \qquad \rightarrow \qquad F_i = F_{i-1} + f_i$$

Die (empirische) Verteilungsfunktion (Summenhäufigkeitsfunktion) bei nicht klassierten Daten

Welcher Anteil der erhobenen Daten ist $\leq x$?

Vorgegeben sind die Merkmalsausprägungen x_1, x_2, ..., x_k eines metrisch skalierten Merkmals und die rangzugehörigen relativen Summenhäufigkeiten

$$F_i \\ F(x) \quad \left\{ \begin{array}{lll} 0 & \text{für } x < x_1 & \\ F_i & \text{für } x_i \leq x < x_{i+1} & i=1, ..., k-1 \\ 1 & \text{für } x \geq x_k & \end{array} \right.$$

i	X_i	F_i
1	6	0,1
2	7	0,15
3	8	0,6
4	9	0,7
5	10	0,9
6	11	1

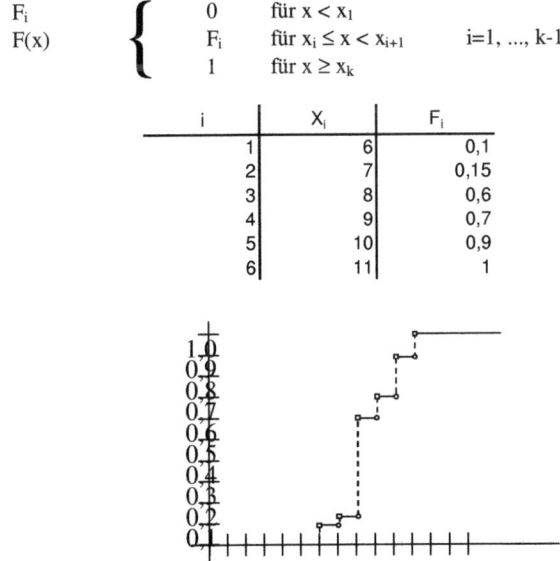

$$F(x) \quad \begin{cases} 0 & \text{für } x < 6 \\ F_1 & \text{für } x_1 \leq x < x_2 \\ F_1 & \text{für } x_2 \leq x < x_3 \end{cases} \quad 6 \leq x < 7$$

$$F(8,5) = 0,6$$

Häufigkeitsverteilung klassierter Daten

Problem: Wenn ein Merkmal „zu viele" Merkmalsausprägungen aufweist, werden die primären Häufigkeitstabellen unübersichtlich.

Ausweg: Merkmalsausprägungen werden zu Klassen zusammengefasst.

Beispiel: Urliste mit 500 Einkommen liegt vor. Es werden folgende Klassen gebildet:

Klasse 1:   250   bis < 500
Klasse 2:   500   bis < 750
Klasse 3:   750   bis < 1000
Klasse 4:   1000   bis < 1100
Klasse 5:   1100   bis < 1200
Klasse 6:   1200   bis < 1500
Klasse 7:   > 1500   (->halboffene Klasse)

Mit x_i^u (bzw. x_i^o) bezeichnen wir die untere (bzw. obere Klassengrenze. Offene Randklassen besitzen nur eine Klassengrenze.

Klassenbreite der Klasse k_i:

$$\Delta X_i = x_i^u - x_i^o$$

Klassenmitte:

$$\overline{X_i} = x_i^u + x_i^o$$

Gleichverteilungsannahme: Alle Ausprägungen einer Klasse sind gleichmäßig über die Breite der Klasse verteilt. Erstrebenswert ist die Verwendung gleich großer Klassenbreiten für alle Klassen.

Wie viele Klassen sollte man wählen?

Gemäß DIN 55302:   100 Ausprägungen: 10 Klassen
                             1000 Ausprägungen: 13 Klassen
                             10000 Ausprägungen: 16 Klassen

Gemäß Sturger: 1+3,332*log n (Beispiel: 1000 Ausprägungen: 11 Klassen [1+3.332*3])

Exkurs: $\log_{10} 1000 = 3 \rightarrow 10^x = 1000$; x=3

$$\sum_{j=1(von)}^{i(bis)} h_j$$

Sekundäre Verteilungstafel

Die sekundäre Verteilungstafel enthält zu jeder Klasse die absolute (relative) Häufigkeit h_i (f_i), sowie die zugehörigen Summenhäufigkeiten H_i (F_i).

Beispiel:

Nr.	Umsatz in Tsd	h_i	f_i	H_i	F_i
1	250-<500	65	0,37	65	0,37
2	500-<1000	50	0,29	115	0,66
3	1000-<2000	34	0,19	149	0,85
4	2000-<5000	22	0,13	171	0,98
5	5000-<10000	3,7	0,02	174,7	1
6	10000-100000	0,027	0	174,727	1

Der Unterschied zu primären Verteilungstafeln besteht nur darin, daß diese nicht klassierte Daten enthalten.

Die empirische Verteilungsfunktion für klassierte (klassifizierte) Daten

Vorgegeben ist eine sekundäre Verteilungstafel (insbesondere F_i wird benötigt!).

Die empirische Verteilungsfunktion $F(x)$:

$$F(X_i^o) = F_i \qquad i=1, ..., k$$
$$F(X_1^u) = 0$$

$F(x)$ entsteht durch lineare Verbindung jeweils benachbarter Punkte.

Sekundäre Verteilungstafel:

Nr.	Krankheitstage	f_i	F_i
1	0-<3	0,16	0,16
2	3-<5	0,34	0,5
3	5-<7	0,3	0,8

$F(0) = 0$ $(0;0)$
$F(3) = 0,16$ $(3;0,16)$
$F(5) = 0,5$ $(5;0,5)$
$F(7) = 0,8$ $(7;0,8)$
$F(14) = 1,0$ $(14;1)$

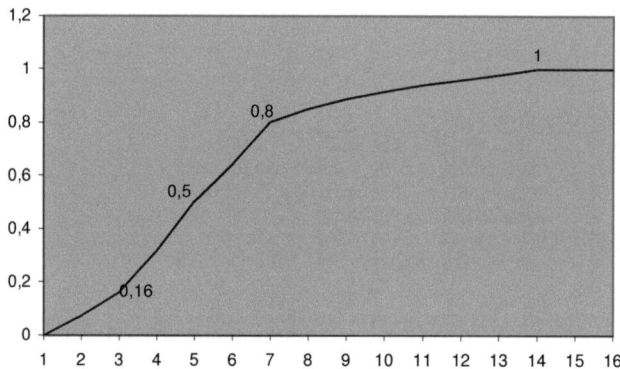

ð 25% waren 3,7 oder weniger Tage krank

Histogramm zur Darstellung klassierter Daten

Voraussetzungen:

1. Randklassen müssen geschlossen werden.
2. Über den Klassengrenzen werden Flächen so errichtet, daß sie den etsprechenden absoluten bzw. relativen Klassenhäufigkeiten proportional sind.

Fall 1: Alle Klassen haben die gleiche Breite. Als Höhe der Rechtecke wählt man h_i bzw. f_i.

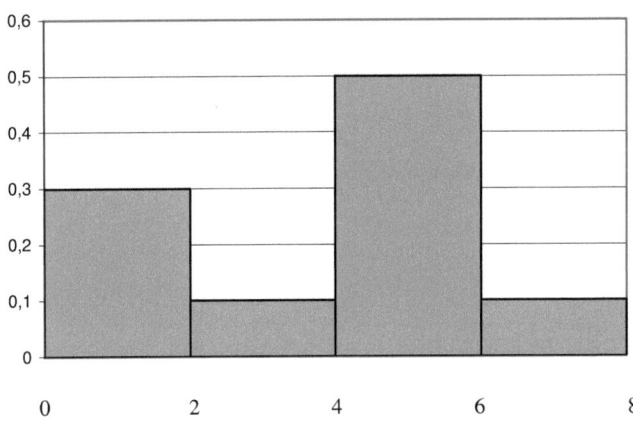

		f_i	F_i
1	0-<2	0,3	0,3
2	2-<4	0,1	0,4
3	4-<6	0,5	0,9
4	6-<8	0,1	1

<u>Fall 2:</u> Es treten unterschiedliche Klassenbreiten auf.

Nr.	Krankheitstage	f_i	F_i
1	0-<3	0,16	0,16
2	3-<5	0,34	0,5
3	5-<7	0,3	0,8
4	7-<14	0,2	1

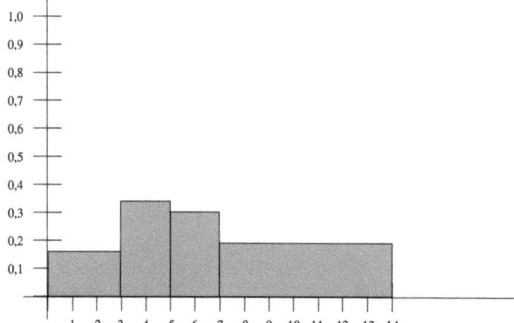

=> Falsche Lösung, da z. B. die Fläche über dem Intervall [7,14] etwa 2,33mal so groß ist wie die Fläche über [5,7]. Eigentlich müßte die Fläche über [5,7] 1,5mal so groß sein wie die über [7,14].

<u>Lösung:</u>

Nr.	Krankheitstage	f_i	F_i	f_i^x
1	0-<3	0,16	0,16	0,053333333
2	3-<5	0,34	0,5	0,17
3	5-<7	0,3	0,8	0,15
4	7-<14	0,2	1	0,028571429

$$f_i^* = \frac{f_i}{\Delta x_i}$$

f_i^* ist die relative Häufigkeitsdichte und wird gemessen in einer festgelegten Einheit

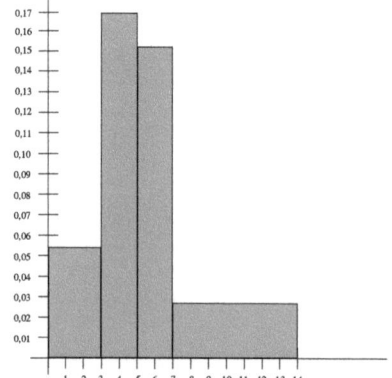

Statistische Maßzahlen (Parameter)

Ziel: Statistische Verteilung durch 2-3 Kenngrößen charakterisieren.

Die wichtigsten Parameter sind die Lageparameter und die Streuungsparameter.

Lageparameter (zentrale Tendenz)

Wichtige Lageparameter sind:
  Modus
  Median
  Quantile (Quartile, Percentile)
  arithmetisches Mittel
  geometrisches Mittel

a)   Modus

Der Modus $\overline{X_D}$ ist diejenige Merkmalsausprägung mit der größten absoluten (relativen) Häufigkeit (einziger Lageparameter für nominal skalierte Merkmale).

Beispiel:

Augenfarbe	h_i
blau	110
grün	120
grau	240
sonstige	70

$\overline{X_D}$ = grau (**nicht 240!!!**)

Gehalt	h_i	f_i^*
0-7000	700	100
7000-8000	300	300

Die Modalklasse hier ist die Klasse 7000-8000, da von der relativen Häufigkeitsdichte ausgegangen werden muß.

b)   Median

Definition: Mindestens 50% aller beobachteten Merkmalsausprägungen sind ≤ dem Median und mindestens 50% sind ≥ dem Median. Die Merkmale müssen mindestens
<u>kardinal skaliert</u> sein.

Berechnung: Vorgeben ist eine Urliste (ungeordnet): $x_1, x_2, x_3, ..., x_k$
Diese werden aufsteigend geordnet: $x_{(1)}, x_{(2)}, x_{(3)}, ..., x_{(k)}$

Beispiele:

Fall 1 (n ungerade):   1, 2, 3, **3**, 4, 5, 5   => Median = 3

$$\overline{X_{0,5}} = \overline{X_Z} = X\left(\frac{n+1}{2}\right)$$

Fall 2 (n gerade):   1,2,2,3,4,5   => Median = 2,5

$$\overline{X_{0,5}} = \overline{X_Z} = X\left(\frac{X\left(\frac{n}{2}\right) + X\left(\frac{n}{2}+1\right)}{2}\right)$$ [statt $\frac{n}{2}+1$ auch $\frac{n+2}{2}$]

Beispiel 1:   Urliste: 1000, 500, 700, 1100, 40000
$x_{(1)}$=500, $x_{(2)}$=700, $x_{(3)}$=1000, $x_{(4)}$=1100, $x_{(5)}$=40000
$\overline{X_Z} = x_{(3)} = 1000$

Beispiel 2:   Urliste: 5, 3, 1, 1, 2, 4, 5, 5
geordnet: 1, 1, 2, 3, 4, 5, 5, 5
$\overline{X_Z} = 3,5$

b1)   Median bei klassierten Daten

i	Gehalt	f_i	F_i
1	0-1000	0,18	0,18
2	1000-2000	0,24	0,42
3	2000-2500	0,37	0,79
4	2500-5000	0,21	1

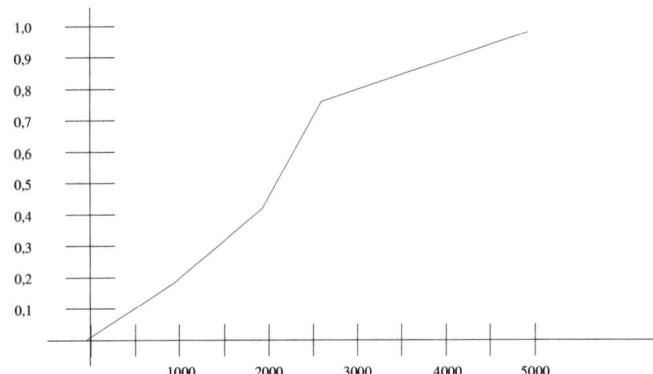

1.) graphische Lösung: Der Wert bei 0.5 (=50%) wird abgelesen (2108,11)

2.) rechnerische Lösung: sei i die Klasse mit $F_{i-1} < 0,5$ und $F_i > 0,5$

$$\overline{X_Z} = x_i^u + (x_i^o - x_i^u) * \left(\frac{0,5 - F_{i-1}}{f_i} \right)$$

$$\overline{X_Z} = 2000 + (2500 - 2000) * \left(\frac{0,5 - 0,42}{0,37} \right)$$

$$\overline{X_Z} = 2000 + (500 * 0,216216216216)$$

$$\overline{X_Z} = 2000 + 108,11 = 2108,11$$

<u>Ergänzung:</u>   Gibt es ein i mit $F_i = 0,5$, dann ist x_i^o der Median.

<u>Quantile:</u> 30%-Quantil => 30% $\leq$ / 70% $\geq$

c)   Quantile

Sei p ein Anteil ($0 \leq p \leq 1$)

Ein p-Quantil ist folgendermaßen definiert:

Mindestens 100* p% der Beobachtungswerte sind $\leq$ dem p-Quantil X_p und höchstens 100* (1-p)% sind größer als X_p (p=0,5 => X_p=Median).

Für p=0,25 heißt $X_p = X_{0,25}$ das 1. Quartil,
für p=0,75 heißt $X_p = X_{0,75}$ das 3. Quartil.

Das 0,25-Quantil ist das 1. Quartil

Das p-Quantil kann folgendermaßen bestimmt werden:

1. Fall: n*p ist keine ganze Zahl.
Es sei k die kleinste ganze Zahl, die größer als n*p ist. Dann ist $X_{(k)}$ das p-Quantil

2. Fall: n*p ist eine ganze Zahl. Dann wählen wir $\dfrac{X_{(np)} + X_{(np+1)}}{2}$ als p-Quantil.

Beispiel 1:   Notenverteilung:
1, 1, 2, 2, 2, 3, 3, 3, 4, 4, 4, 4, 5, 5
n=14
Gesucht: 0,25-Quantil: p=0,25 => n*p = 3,5, also ist es $X_{(4)}$ = 2
0,75-Quantil: p=0,75 => n*p = 10,5, also ist es $X_{(11)}$ = 4

Beispiel 2:   1, 1, 1, 2, 2, 3, 3, 4, 4, 5, 5, 5

n=12

n*p = 12 * 0,25 = 3

$$X_{0,25} = \frac{X_{(3)} + X_{(4)}}{2} = \frac{1+2}{2} = 1,5$$

n*p = 12 * 0,8 = 9,6

$$X_{0,8} = \frac{X_{(10)} + X_{(11)}}{2} = \frac{5+5}{2} = 5$$

c1)   Quantile bei klassierten Daten

1.) graphische Lösung: Mit Hilfe der gezeichneten Summenhäufigkeitsfunktion (Verteilungsfunktion) kann man jedes p-Quantil bestimmen (Vorgehensweise wie bei Median).

2.) rechnerische Lösung: Zunächst bestimmt man das i mit $F_{i-1} > p$ und $F_i < p$

$$=> X_p = x_i^u + (x_i^o - x_i^u) * \left(\frac{p - F_{i-1}}{f_i} \right)$$

i	Gehalt	f_i	F_i
1	0-1000	0,18	0,18
2	1000-2000	0,24	0,42
3	2000-2500	0,37	0,79
4	2500-5000	0,21	1

$$X_{0,25} = 1000+(2000-1000) * \left(\frac{0,25-0,18}{0,24} \right) = 1291,67$$

$$X_{0,9} = 2500+(5000-2500) * \left(\frac{0,9-0,79}{0,21} \right) = 2619,05$$

$$X_{0,75} = 2000+(2100-2000) * \left(\frac{0,75-0,42}{0,37} \right) = 1872,97$$

d)   Arithmetisches Mittel

Voraussetzung: Merkmal muß <u>metrisch</u> skaliert sein.

Definition: Seien $x_1, x_2, x_3, ..., x_n$ die n vorliegenden Merkmalsausprägungen, dann ist:

$$\overline{X_A} = \frac{1}{n} * (x_1+x_2+x_3+...+x_k) = \frac{1}{n} \sum_{j=1}^{n} x_j$$

Problem: Bei der Berechnung des arithmetischen Mittels geht <u>jeder</u> Wert in die Wertung ein, d. h. es ist abhängig von den Extremwerten (<u>nicht robuste</u> Maßzahl).

Vorgegeben sind die Merkmalsausprägungen $x_1, x_2, ..., x_j$ mit den zugehörigen absoluten (relativen) Häufigkeiten h_i (f_i). Dann gilt für das arithmetische Mittel:

$$\overline{X_A} = \frac{1}{n} * (x_1h_1+x_2h_2+x_3h_3+...+x_kh_k) = \frac{1}{n} \sum_{k=1}^{n} x_k h_k \text{ , bzw.}$$

$$\overline{X_A} = (x_1f_1+x_2f_2+x_3f_3+...+x_kf_k) = \sum_{k=1}^{n} x_k f_k$$

Beispiel:

i	Umsatz	h_i	f_i
1	200	5	0,416
2	300	2	0,167
3	400	1	0,083
4	500	4	0,333
		12	1

$$\overline{X_A} = \frac{1}{12} * (200*5+300*2+400*1+500*4) = 333,33$$

02.11.1998

d1) Arithmetisches Mittel bei klassierten Daten

Beispiel:

i	Gehalt	h_i	f_i
1	0 -< 1000	4	0,2
2	1000 -< 2000	12	0,6
3	2000 -< 4000	4	0,2

Hier wählt man als repräsentativen Wert die Klassenmitte $\overline{X_i}$. Dann erhält man näherungsweise das arithmetische Mittel wie folgt:

$$\overline{X_A} \approx \frac{1}{n} * \sum_{i=1}^{k} h_i * X_i \qquad \text{bzw.:} \qquad \overline{X_A} \approx \sum_{i=1}^{k} f_i * X_i$$

$$\overline{X_A} \approx \frac{1}{20} * (4*500+12*1500+4*3000) = 1600$$

d2) Lineare Transformation des arithmetischen Mittels
(=> zur Vereinfachung der Rechnung)

1. Transformiere die X_i: $X_i' = \frac{x_i - a}{b}$ $a, b \in R$

2. Bestimmung des arithmetischen Mittels $\overline{X_A'}$ der transformierten Werte X_i'
3. $\overline{X_A} = b * \overline{X_A'} + a$

Beispiel:

x_i	63,0	63,3	63,5	62,7	63,8
h_i	2	3	1	7	2
a=63, b=0,1					
	0	9	5	-21	16

$$\overline{X_A'} = 0,6, \quad \overline{X_A} = 0,1 * 0,6 + 63 = \underline{63,6}$$

e)   Geometrisches Mittel

Zur sinnvollen Mittelwertbildung von Wachstumsraten ist das arithmetische Mittel ungeeignet. Stattdessen verwendet man in diesem Zusammenhang das geometrische Mittel.

Vorgegeben seien x_1, x_2, ..., x_k (meist Wachstumsfaktoren). Dann heißt

$$\overline{X_G} = \sqrt[n]{x_1 * x_2 * ... * x_k}$$

das geometrische Mittel der x_i.

Beispiel:

Periode	Umsatz	Wachstums-rate	Wachstums-faktor
0	300		
1	400	+33,33%	1,333333333
2	600	+50%	1,5
3	500	-16,66%	0,833333333
4	650	+30%	1,3

Es gilt: $300 * 1,333333 * 1,5 * 0,8333333 * 1,3 = 650$

$$300 * q * q * q * q = 650 \Rightarrow q^4 = \frac{650}{300} \Rightarrow q = \sqrt[4]{\frac{650}{300}}$$

$q^4 = 1,333333 * 1,5 * 0,8333333 * 1,3 \Rightarrow q = \sqrt[4]{1,3333 * 1,5 * 0,8333 * 1,3}$

$q = 1,213$

$\Rightarrow$ durchschnittliche Wachstumsrate $\rightarrow 21,3\%$

Exkurs: $\sqrt[n]{a} = a^{1/n}$

- 15 -

Streuungsparameter

Beispiel: Vorgegeben sind zwei Maschinen, die Impfstoffe abfüllen (jeweils 100 mg sind gefordert). Langjährige Messungen haben ergeben:

Maschine 1: $\overline{X_A}$ = 100 mg

Maschine 2: $\overline{X_A}$ = 100,05 mg

Messungen ergaben im einzelnen:

Maschine 1:

x_i	1	2	3	4	5	6	7
	97	98	99	100	101	102	105
f_i	0,2	0,1	0,1	0,2	0,1	0,1	0,2

Maschine 2:

x_i	1	2	3
	99,05	100,05	101,05
f_i	1/3	1/3	1/3

Maschine 2 ist vorzuziehen, da die Streuung geringer ist (Werte liegen näher am Mittelwert).

Folgende Parameter messen die Streuung:

a) Spannweite (Range)
b) (Inter-)Quartilsabstand
c) Varianz (und Standardabweichung)

a) Spannweite

Die Differenz zwischen der größten und der kleinsten Ausprägung heißt Spannweite oder Range.

$$R_X = x_{max} - x_{min}$$

b) (Inter-)Quartilsabstand

Die Differenz zwischen dem 1. Quartil $X_{0,25}$ und dem 3. Quartil $X_{0,75}$ heißt (Inter-) Quartilsabstand. In diesem Bereich liegen (die mittleren) 50% aller beobachteten Werte.

$$Q_{50} = x0_{,75} - x_{0,25}$$

Vorteil: Der Quartilsabstand ist unabhänging von Extremwerten (Datenausreißern)
-> robuste Statistik

Beispiel: 1, 1, 3, 7, 8, 21, 23, 24, 25, 26, 31, 32, 33, 47, 51, 62, 63
n=17
$x_{0,25} => x_{(5)}=8$
$x_{0,75} => x_{(13)}=33$

$$Q_{50} = 33 - 8 = 25$$

c) Varianz

Bei Vorliegen einer Urliste x_1, x_2, ..., x_n ist die Varianz folgendermaßen definiert:

$$\sigma^2 = V(X) = \frac{1}{n} * \sum (x_i - \overline{X_A})^2 * h_i \qquad (\sigma = \text{Sigma})$$

Bei Kenntnis der primären Verteilungstafel gilt für die Varianz:

$$\sigma^2 = V(X) = \frac{1}{n} * \sum_{i=1}^{k} (x_i - \overline{X_A})^2 * h_i \qquad \text{bzw.} \qquad \sum_{i=1}^{k} (x_i - \overline{X_A})^2 * f_i$$

Die Einheit ist die Einheit des Merkmals zum Quadrat.

c1) Varianz bei klassierten Daten

$$\sigma^2 = V(X) = \sum_{i=1}^{k} (\overline{x_i} - \overline{X_A})^2 * f_i \qquad \text{bzw.} \qquad \frac{1}{n} * \sum_{i=1}^{k} (\overline{x_i} - \overline{X_A})^2 * h_i$$

Beispiel:

i	x_i	h_i	$\overline{x_i} - \overline{X_A}$	$(\overline{x_i} - \overline{X_A})^2$	$(\overline{x_i} - \overline{X_A})^2 * h_i$
1	99,8	20	-0,3	0,09	1,8
2	99,9	50	-0,2	0,04	2
3	100	10	-0,1	0,01	0,1
4	100,2	90	0,1	0,01	0,9
5	100,3	30	0,2	0,04	1,2

$\overline{X_A} = 100,1$; n=200

$$\sigma^2 = \frac{6}{200} = 0,03$$

c2)   Standardabweichung

Die Standardabweichung erhält man, indem man die Quadratwurzel aus der Varianz zieht.

$$\sigma = \sqrt{\sigma^2}$$

Die Einheit der Standardabweichung ist die Einheit der Merkmale.

Für normalverteilte Daten gilt:

- in den Bereich $\overline{X_A} \pm \sigma$ fallen ca. 68% aller Ausprägungen
- in den Bereich $\overline{X_A} \pm 2 * \sigma$ fallen ca. 95% aller Ausprägungen
- in den Bereich $\overline{X_A} \pm 3 * \sigma$ fallen ca. 99,9% aller Ausprägungen

$$\sigma^2 = \frac{\sum \overline{x_i}^2 * h_i}{n} - \overline{X_A}^2$$

$$\sigma^2 = \frac{\sum (\overline{x_i} - \overline{XA})^2 * h_i}{1}$$

c3)   Variationskoeffizient

Der Variationskoeffizient wird aus der Standardabweichung gebildet.

$$V_C = \frac{\sigma}{\overline{X_A}}$$

Im Beispiel gilt: $V_C = \frac{0,17}{100,1} * 100 = 0,17\%$

16.11.98

V_C wird zum <u>Vergleich</u> von Streuungen verwendet.

Beispiel: sei $\overline{X_A}$ = 21 DM und σ =3,1 (Stundenlohn Deutschland)
$\overline{X_A}$ = 17000 Lira und σ =2100 (Stundenlohn Italien)
V_{CD} = 3,1/21 * 100 = 17,76 %
V_{CI} = 2100/17000 * 100 = 12,25%
=> In Italien hat der Stundenlohn eine geringere Bandbreite

Konzentration

Wir unterscheiden 2 Typen:

Hohe **relative** Konzentration bedeutet Zuordnung eines großen <u>Anteils</u> an einer Merkmalssumme (z. B. Gesamtvermögen, Gesamteinkommen) zu einem kleinen <u>Anteil</u> der Merkmalsträger.

Entsprechend bedeutet eine hohe **absolute** Konzentration die Zuordnung eines großen Anteils an einer Merkmalssumme (Gesamtumsatz einer Branche) zu einer kleinen Anzahl der Merkmalsträger.

Maßzahlen der absoluten Konzentration

Vorgegeben sind n Merkmalsträger mit den Merkmalsausprägungen x_1, x_2, ..., x_n, wobei diese <u>ab</u>steigend geordnet sind (also $x_1 \geq x_2 \geq ... \geq x_n$):

$$S = \sum x_i$$

Auf den i-ten Merkmalsträger entfällt

$$C_i = \frac{x_i}{S}$$

Aus den C_i bildet man die Konzentrationsraten C_i mit $C_i = c_1 + ... + c_i$ ($= \frac{x_1 + ... + x_i}{S}$).

Anmerkung: C_{1-3} von Unternehmen dürfen in Deutschland nicht veröffentlicht werden!!!

C_i gibt den Anteil der i größten Merkmalsträger an den Merkmalssummen an.

	bis 1968	ab 1982
niedrig	$C_4 < 0,5$	$K_H < 0,1$
mittelhoch	$0,5 \leq C_4 \leq 0,7$	$0,1 \leq K_H \leq 0,18$
hoch	$C_4 > 0,7$	$K_H > 0,18$

K_H = Herfindahlindex (Erläuterung folgt weiter unten)

i	x_i (Umsatz)	c_i	C_i
1	16	0,37	0,37
2	12	0,28	0,65
3	6	0,14	0,79
4	3	0,07	0,86
5	2	0,05	0,91
6	2	0,05	0,96
7	1	0,02	0,98
8	1	0,02	1

Trägt man die Punkte (0;0), ..., $(n;C_n)$ in ein Koordinatensystem ein, so erhält man die <u>Konzentrationskurve</u>. Im Beispiel ergibt sich:

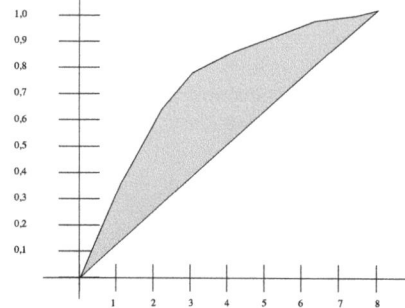

Gemäß § GWB soll $C1 > {}^1/_3$, $C_2 > {}^1/_2$, $C_5 > {}^2/_3$ betragen.

Der Herfindahlindex K_H

$$K_H = \sum c_i{}^2$$

K_H kann im Extremfall folgende Werte annehmen:

- bei Gleichverteilung gilt $x_i = \dfrac{1}{n}$ für alle Merkmalsträger

$$K_H = \frac{1}{n^2} + \frac{1}{n^2} + \frac{1}{n^2} + ... + \frac{1}{n^2} = n * \frac{1}{n^2} = \frac{1}{n}$$

- bei vollkommener Konzentration gilt:
$K_H = 1^2 + 0^2 + ... + 0^2 = 1$

daraus folgt: $\dfrac{1}{n} \leq K_H \leq 1$

Lorenzkurve (relative Konzentration)

Zunächst wird wieder die Merkmalssumme der zu untersuchenden Merkmale gebildet. Bei klassierten Daten erhält man diese über das Produkt aus Klassenmitte uind absoluter Klassen-häufigkeit.

$$S = \overline{x_1} * h_1 + \overline{x_2} * h_2 + \dots + \overline{x_k} * h_k = \sum \overline{x_i} * h_i$$

Für die aufsteigend geordneten Klassen bildet man:

$$v_i = \frac{\overline{x_i} * h_i}{S} \quad \text{(Anteil der i-ten Klasse an der Merkmalssumme) und}$$

$$V_i = \sum v_i \quad \text{(Anteil der i-kleinsten Klassen an der Merkmalssumme)}$$

30.11.1998

Beispiel:

	h_i	f_i	$\overline{x_i}$	$\overline{x_i} * h_i$	F_i	v_i	V_i
0-<500	20	0,07	**250**	**5.000**	0,07	0,006	0,006
500-<1000	47	0,164	750	35.250	0,234	0,04	0,046
1000-<2000	86	0,3	1500	129.000	0,534	0,146	0,192
2000-<4000	91	0,317	3000	273.000	0,851	0,308	0,5
4000-<8000	12	0,042	6000	72.000	**0,893**	0,081	**0,581**
8000-16000	31	0,108	12000	372.000	1	0,42	1
Summe:	*287*			*886.250*			

D. h.: **89,3%** aller Gehaltsempfänger beziehen **58,1%** des Gesamtgehaltes; Umkehrschluß: 10,7% beziehen 41,9%!

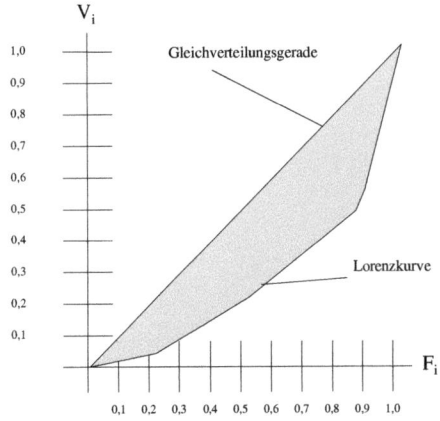

- 21 -

Die Fläche zwischen der Diagonalen (Gleichverteilungsgeraden) und der Lorenzkurve wird umso größer, je stärker die Konzentration der Verteilung des Merkmals ist.

Extremmöglichkeiten:

- Jeder verdient das gleiche -> Lorenzkurve = Diagonale
- Einer verdient alles -> fast die gesamte Fläche unterhalb der Diagonalen ist ausgefüllt

Gini-Koeffizient

$$\text{Gini - Koeffizien t} = \frac{\text{Fläche zwischen Diagonale und Lorenzkurve}}{\text{Gesamtfläche unterhalb der Diagonalen}} = 2 * \text{Fläche zw. Diag. und LK}$$

$$G = 1 - \sum_{j=1}^{k}(V_{j-1}+V_j) * f_j$$

Im Beispiel ergibt sich:

G=1-(0+0,006)*0,07+(0,006+0,046)*0,164+(0,192+0,046)*0,3+(0,5+0,192)*0,317+(0,581+0,5)*0,042+(1+0,581)*0,108
G=0,.....

$0 \le G < 1$
G=0 -> Gleichverteilung

Je größer G ist, desto stärker ist die Konzentration

Preisindizes + Mengenindizes

Beispiel: Vorgegeben ist ein Warekorb bestehend aus 3 Gütern: Benzin, Teebeutel, Brot. Folgende Informationen liegen vor:

	Benzin		Teebeutel		Brot	
1997 (Basisjahr)	300 l	1,5 DM/l	10	0,1 DM/St	20 kg	3,80 DM
1998 (Berichtsjahr)	700 l	1,7 DM/l	10	0,05 DM/St	24 kg	4,10 DM

Zunächst werden die Preismeßziffern bestimmt: $P_{97/98} = \dfrac{\text{Preis Berichtsjahr}}{\text{Preis Basisjahr}} * 100$

$$P_{97/98}^{Benzin} = \frac{1,7}{1,5} * 100 = 113,3\%$$

$$P_{97/98}^{Teebeutel} = \frac{0,05}{0,10} * 100 = 50\%$$

$$P_{97/98}^{Brot} = \frac{4,10}{3,80} * 100 = 107,89\%$$

07.12.1998

Preisindex nach Laspeyeres

Vorgegeben ist ein Warenkorb der Basisperiode bestehend aus Mengen und Preisen:

$$q_1^0; p_1^0 ... q_n^0; p_n^0$$

q = Verbrauchte Menge in der Basisperiode
p = Preis in der Basisperiode pro Einheit

Zusätzlich benötigt man die <u>Preise</u> der Berichtsperiode i, also $p_1^i, p_2^i, ..., p_n^i$.

$$P_{0,i}^L = \sum_{j=1}^n \frac{q_j^0 * p_j^i}{q_j^0 * p_j^0} * 100$$

Bei der Berechnung des Beispiels kommt man zu einer Preissteigerung von 12,42%.

Herleitung des Preisindex nach Laspeyeres (nach Gewichtung):

$P_{0,i}$ = (Preismeßziffer des Gutes j) * (Ausgabenanteil für das Gut j in der Basisperiode) * 100

$$P_{0,i} = \sum \frac{p_j^i}{p_j^0} * \frac{p_j^0 * q_j^0}{\sum p_t^0 * q_t^0}$$

Beispiel: Für die Gewichte erhält man:

$$Benzin = \frac{300*1,5}{527} = \frac{450}{527} = 0,8539$$

$$Teebeutel = \frac{10*0,1}{527} = \frac{1}{527} = 0,0019$$

$$Brot = \frac{20*3,80}{527} = 0,1442$$

$$P^L_{97,98} = \frac{1,7}{1,5}*0,8539 + \frac{0,05}{0,1}*0,0019 + \frac{4,1}{3,8}*0,1442 = 112,42$$

Preisindex nach Paasche

Hier werden die <u>Verbrauchsmengen</u> der Berichtsperiode benötigt, also $q^i_1, q^i_2, ..., q^i_n$.

$$P^P_{0,i} = \sum_{j=1}^{n} \frac{q^i_j * p^i_j}{q^i_j * p^0_j} * 100$$

Die Herleitung erfolgt wie bei Laspeyres. Dabei verwendet man als Gewicht den Ausgaben-anteil der betreffenden Güter des Berichtsjahres.

Durchschnittliche jährliche Wachstumsrate

$$\left(\sqrt[\text{Anzahl der Perioden}]{\frac{\text{letzte Periode}}{\text{erste Periode (100)}}} - 1 \right)$$

Mengenindizes

$$M^L_{0,i} = \frac{\sum p^0_j * q^i_j}{\sum p^0_j * q^0_j} * 100$$

$$M^P_{0,i} = \frac{\sum p^i_j * q^i_j}{\sum p^i_j * q^0_j} * 100$$

Umsatzindex (Wertindex)

$$W_{0,i} = \frac{\sum p_j^i * q_j^i}{\sum p_j^0 * q_j^0} * 100$$

Es gilt:

$$W_{0,i} = \frac{P_{0,i}^L * M_{0,i}^P}{100}$$

$$W_{0,i} = \frac{P_{0,i}^P * M_{0,i}^L}{100}$$

Deflationierung (Preisbereinigung)

Darunter versteht man allgemein die Division eines Index durch einen Preisindex. Hierdurch werden Preisänderungen ausgeschüttet. Wichtige Anwendung bei Lohnindizes.

Beispiel:

Jahr	P^P	Index der Stundenlöhne nominal	Index der Stundenlöhne real
1985	100	100	100
1987	99,9	107,6	107,7
1989	103,9	116,5	112,1

Inhaltsverzeichnis

Formelsammlung

Relative Häufigkeit ($f_i = \dfrac{h_i}{n}$)

Absolute Summenhäufigkeit $\displaystyle\sum_{j=1}^{i} h_j$

Relative Summenhäufigkeit

$F_i = \dfrac{H_i}{n}$ bzw. $\displaystyle\sum_{j=1}^{i} f_j$

Klassenbreite der Klasse k_i

$\Delta X_i = x_i^u - x_i^o$

Klassenmitte:

$\overline{X_i} = \dfrac{x_i^u + x_i^o}{2}$

Exkurs: $\log_{10} 1000 = 3 \rightarrow 10^x = 1000$; x=3

$\displaystyle\sum_{j=1(von)}^{i(bis)} h_j$

Modus

X_D ist diejenige Merkmalsausprägung mit der größten absoluten (relativen) Häufigkeit.

Median (n ungerade)

$\overline{X_{0,5}} = \overline{X_Z} = \mathrm{X}\left(\dfrac{n+1}{2}\right)$

Median (n gerade)

$\overline{X_{0,5}} = \overline{X_Z} = \mathrm{X}\left(\dfrac{X(\frac{n}{2}) + X(\frac{n}{2}+1)}{2}\right)$

[statt $\frac{n}{2}+1$ auch $\frac{n+2}{2}$]

Median bei klassierten Daten

$\overline{X_Z} = x_i^u + (x_i^o - x_i^u) * \left(\dfrac{0,5 - F_{i-1}}{f_i}\right)$

Ergänzung: Gibt es ein i mit $F_i = 0,5$, dann ist x_i^o der Median.

Quantile: 30%-Quantil => 30% ≤ / 70% ≥

Das p-Quantil kann folgendermaßen bestimmt werden:

1. Fall: n*p ist keine ganze Zahl. Es sei k die kleinste ganze Zahl, die größer als n*p ist. Dann ist $X_{(k)}$ das p-Quantil
2. Fall: n*p ist eine ganze Zahl. Dann wählen wir $\dfrac{X_{(np)} + X_{(np+1)}}{2}$ als p-Quantil.

c1)   Quantile bei klassierten Daten
Zunächst bestimmt man das i mit $F_{i-1} > p$ und $F_i < p$

$\Rightarrow X_p = x_i^u + (x_i^o - x_i^u) * \left(\dfrac{p - F_{i-1}}{f_i}\right)$

Arithmetisches Mittel

$\overline{X_A} = \dfrac{1}{n} \displaystyle\sum_{j=1}^{n} x_j$

Arithmetisches Mittel bei klassierten Daten

Hier wählt man als repräsentativen Wert die Klassenmitte $\overline{X_i}$. Dann erhält man näherungsweise das arithmetische Mittel wie folgt:

$\overline{X_A} \approx \dfrac{1}{n} * \displaystyle\sum_{i=1}^{k} h_i * X_i$ bzw.: $\overline{X_A} \approx$

$\displaystyle\sum_{i=1}^{k} f_i * X_i$

Lineare Transformation des arithmetischen Mittels
1.   Transformiere die X_i: $X_i{}' =$

$\dfrac{x_i - a}{b}$ $a, b \in R$

2.   Bestimmung des arithmetischen Mittels $\overline{X_A'}$ der transformierten Werte $X_i{}'$
3. $\overline{X_A} = b * \overline{X_A'} + a$

Formelsammlung

Geometrisches Mittel

$$\overline{X_G} = \sqrt[n]{x_1 * x_2 * ... * x_k}$$

Exkurs: $\sqrt[n]{a} = a^{1/n}$

Spannweite

$$R_X = x_{max} - x_{min}$$

(Inter-)Quartilsabstand

$$Q_{50} = x_{0,75} - x_{0,25}$$

Varianz

$$\sigma^2 = V(X) = \frac{1}{n} * \sum_{i=1}^{k}(x_i - \overline{X_A})^2 * h_i$$

bzw. $\sum_{i=1}^{k}(x_i - \overline{X_A})^2 * f_i$

Varianz bei klassierten Daten

$$\sigma^2 = V(X) = \sum_{i=1}^{k}(\overline{x_i} - \overline{X_A})^2 * f_i$$

bzw. $\frac{1}{n} * \sum_{i=1}^{k}(\overline{x_i} - \overline{X_A})^2 * h_i$

Standardabweichung

$$\sigma = \sqrt{\sigma^2}$$

$$\sigma^2 = \frac{\sum \overline{x_i}^2 * h_i}{n} - \overline{X_A}^2$$

$$\sigma^2 = \frac{\sum(\overline{x_i} - \overline{XA})^2 * h_i}{1}$$

Variationskoeffizient

$$V_C = \frac{\sigma}{\overline{X_A}} * 100$$

Maßzahlen der absoluten Konzentration

$$S = \sum x_i$$

$$C_i = \frac{x_i}{S}$$

Der Herfindahlindex K_H

$$K_H = \sum c_i^2$$

$$S = \overline{x_1} * h_1 + \overline{x_2} * h_2 + ... + \overline{x_k} * h_k = \sum \overline{x_i} * h_i$$

$$v_i = \frac{\overline{x_i} * h_i}{S}$$

$$V_i = \sum v_i$$

$$G = 1 - \sum_{j=1}^{k}(V_{j-1} + V_j) * f_j$$

Preisindex nach Laspeyeres

$$P_{0,i}^{L} = \sum_{j=1}^{n} \frac{q_j^0 * p_j^i}{q_j^0 * p_j^0} * 100$$

Preisindex nach Paasche

$$P_{0,i}^{P} = \sum_{j=1}^{n} \frac{q_j^i * p_j^i}{q_j^i * p_j^0} * 100$$

Durchschnittliche jährliche Wachstumsrate

$$\left(\sqrt[\substack{Anzahl \\ derPerioden}]{\frac{\text{letzte Periode}}{\text{erste Periode (100)}}} - 1 \right)$$

Mengenindizes

$$M_{0,i}^{L} = \frac{\sum p_j^0 * q_j^i}{\sum p_j^0 * q_j^0} * 100$$

$$M_{0,i}^{P} = \frac{\sum p_j^i * q_j^i}{\sum p_j^i * q_j^0} * 100$$

Umsatzindex (Wertindex)

$$W_{0,i} = \frac{\sum p_j^i * q_j^i}{\sum p_j^0 * q_j^0} * 100$$

Es gilt:

$$W_{0,i} = \frac{P_{0,i}^{L} * M_{0,i}^{P}}{100}$$

$$W_{0,i} = \frac{P_{0,i}^{P} * M_{0,i}^{L}}{100}$$